AF384278

# REVUE

## DES

# SCIENCES NATURELLES APPLIQUÉES

PUBLIÉE PAR LA

## SOCIÉTÉ NATIONALE D'ACCLIMATATION

DE FRANCE,

PARAISSANT A PARIS LES 5 ET 20 DE CHAQUE MOIS



---

## DISCOURS

### PRONONCÉS AUX OBSÈQUES DE M. DE QUATREFAGES

LE 16 JANVIER 1892

---

AU SIÈGE SOCIAL

DE LA SOCIÉTÉ NATIONALE D'ACCLIMATATION DE FRANCE

41, RUE DE LILLE, 41

PARIS

# PUBLICATIONS DE LA SOCIÉTÉ D'ACCLIMATATION

Tout ce qui concerne la Rédaction doit être adressé **11, rue de Lille. à Paris**.

La Société d'Acclimatation publie deux fois par mois un recueil dans le format in-8°, orné de gravures lorsque les sujets traités l'exigent, et qui forme chaque année un fort volume.

La *Revue des Sciences naturelles appliquées* renferme : les travaux des membres de la Société et les communications des personnes qui y sont étrangères ; des extraits des procès-verbaux des séances générales et des sections ; une chronique de faits divers et extraits de correspondance ; une chronique étrangère ; une chronique des sociétés savantes ; une revue de quinzaine du Jardin zoologique d'Acclimatation ; un compte rendu bibliographique des ouvrages qui sont offerts à la Société et une revue des publications qui lui sont adressées.

La *Revue des Sciences naturelles appliquées* est envoyée à tous les membres de la Société à partir du commencement de l'année dans laquelle ils sont reçus.

Une feuille supplémentaire, destinée à faciliter les relations des sociétaires entre eux, insère gratuitement leurs offres, demandes et échanges d'animaux ou de plantes.

Les demandes en insertion doivent parvenir à la Société au moins cinq jours à l'avance.

Les personnes qui ne font pas partie de la Société peuvent s'abonner à ses publications aux conditions suivantes :

## REVUE DES SCIENCES NATURELLES APPLIQUÉES

Paraissant le 5 et le 20 de chaque mois depuis Janvier 1889.

*Abonnement annuel.*

**Paris, Province et Étranger**...... .............. **25 fr. »**

Les abonnements partent du 1er janvier et sont faits pour l'année entière.

*Prix de chacune des années du* Bulletin mensuel *déjà publiées* (le port en sus : 0 fr. 85 *par volume* ; 0 fr. 10 *par numéro*) :

| | | |
|---|---|---|
| **1re série** (années 1854 à 1863). 10 volumes. Chacun........... | 12 fr. | |
| Pour les membres............................ ........... | 10 | » |
| **2e série** (années 1864 à 1873). 10 volumes. Chacun ......... | 10 | » |
| Pour les membres......................... | 6 | » |
| **3e série** (années 1874 à 1883), le volume.................. | 10 | » |
| Pour les membres......................... | 6 | » |
| **4e série** (depuis 1884), le volume...................... | 10 | » |
| Pour les membres ......................... | 6 | » |
| **A partir de 1888** (*Bulletin bimensuel*), le volume... .. | 25 | » |
| Pour les membres .... ......................... | 18 | 75 |
| **Un numéro** pris séparément ......................... | 1 | » |
| Pour les membres......................... . | » | 75 |

Nul envoi de tirage à part ou de numéro du *Bulletin* ne sera fait, si la demande n'est accompagnée du prix de ces publications.

# DISCOURS

## PRONONCÉ AUX OBSÈQUES DE M. DE QUATREFAGES

### Par M. A. GEOFFROY SAINT-HILAIRE

PRÉSIDENT DE LA SOCIÉTÉ NATIONALE D'ACCLIMATATION

LE 16 JANVIER 1892

La Société nationale d'Acclimatation veut, à son tour, rendre un dernier hommage à l'homme éminent qui, pendant trente-neuf années, a été un de ses dignitaires les plus respectés, un de ses membres les plus utiles et les plus dévoués.

Monsieur de Quatrefages devint membre du Conseil de notre Association dès 1854, c'est-à-dire au moment même de sa fondation. En 1863, il fut nommé vice-président.

A la mort de Drouyn de Lhuys, et à la mort de Bouley, qui avaient présidé notre Société, le premier, pendant dix-sept ans, le second, pendant cinq ans, Monsieur de Quatrefages fut vivement sollicité d'accepter les fonctions de président ; il résista à nos instances : « Je désire rester l'un des vice-» présidents de la Société, disait-il, car je ne saurais accep-» ter un poste que, faute de loisir, je ne remplirais pas » comme il convient. Vous connaissez mon zèle pour la So-» ciété d'Acclimatation, soyez sûr qu'il ne faillira pas. »

Monsieur de Quatrefages n'a pas manqué à cette promesse, car jusqu'à la fin de sa vie, par son assiduité à nos séances, par les communications qu'il y faisait, il a donné des marques de l'intérêt qu'il prenait à nos travaux.

Comme zoologiste, notre regretté vice-président avait été conduit à s'occuper des applications des sciences naturelles ; comme anthropologiste, et par la force même des choses, il eut à traiter toutes les questions touchant à l'Acclimatation. L'histoire de l'homme n'est-elle pas, par certains côtés, l'histoire de ses migrations, de ses acclimatations en différents lieux, et aussi l'histoire des animaux et des plantes qui complètent, si l'on peut ainsi dire, la vie humaine.

Ces quelques mots suffisent à montrer par quels liens solides Monsieur de Quatrefages appartenait à la Société d'Acclimatation.

Dans les nombreuses communications, dans les notes et mémoires publiés par le recueil de notre Société, Monsieur de Quatrefages a traité les sujets les plus divers ; il y a, en particulier, développé ses idées sur l'acclimatation en général ; il s'est attaché à faire voir que les animaux soumis à la domestication, subissant en quelque sorte l'action de l'homme, se modifient plus aisément, quand ils changent de patrie, que les animaux sauvages, dont le type, si je puis ainsi dire, n'a pas encore été ébranlé.

Notre illustre vice-président se plaisait à rappeler la reconnaissance que doit l'espèce humaine aux bienfaiteurs inconnus, qui, dans la suite des siècles, ont peu à peu conquis à l'homme les animaux domestiques et les plantes utiles.

Il aimait à parler des introductions récentes et, fort des exemples que donnent ces conquêtes qui viennent augmenter notre patrimoine, il encourageait les efforts et promettait le succès à ceux qui sauraient allier à la persévérance le savoir et la méthode.

Enfin, à plusieurs reprises, Monsieur de Quatrefages s'est appesanti sur les résultats divers, les uns heureux, les autres malheureux pour nous, des acclimatations faites depuis trente ans dans les deux hémisphères ; sujet d'inépuisable méditation pour le penseur, car l'équilibre de la production du sol et de la production animale, dans les diverses régions du globe, se trouve aujourd'hui profondément altéré.

Vous dire la part que prenait à nos travaux Monsieur de Quatrefages, rappeler l'importance des sujets qu'il traitait, n'est-ce pas, Messieurs, vous faire mesurer la vivacité, la profondeur des regrets dont j'apporte ici l'expression.

Et moi, qui ai reçu tant de marques de la bienveillance de cet homme éminent, vous dirai-je les sentiments que j'éprouve devant cette tombe qui va se fermer ?

# DISCOURS DE M. RANVIER

MEMBRE DE L'ACADÉMIE

Messieurs,

Au nom de l'Institut, je viens dire un dernier adieu à
M. de Quatrefages. Il faisait partie de l'Académie des sciences
depuis quarante ans et cependant, quand il y entra, il était
déjà célèbre. Ses travaux sur l'organisation des invertébrés
et des vertébrés inférieurs l'avaient fait connaître de tous les
naturalistes.

M. de Quatrefages avait d'abord étudié la médecine, comme
presque tous les grands zoologistes. Il avait même, pendant
plusieurs années pratiqué l'art de guérir ; mais il fut bientôt
entraîné dans une tout autre direction. Ces myriades d'animaux qui vivent dans la mer et que l'on désignait sous les
noms de vers et de zoophytes excitèrent sa curiosité ; il
voulut les connaître.

Ses premières recherches sur la constitution, le dévelop-
pement et la reproduction des annélides, qu'il rappelait avec
complaisance, non pour se faire valoir, mais parce qu'elles
lui avaient laissé une impression profonde, contenaient de
belles et fructueuses découvertes. Ses travaux se succèdent
alors avec une surprenante rapidité. Quelle belle époque
pour la science française ! Des H. Milne Edwards, des Quatrefages, des E. Blanchard, voyageant ensemble, avec leur petit
bagage de naturaliste, suivant les côtes, fouillant les pro-
fondeurs de la mer, autant que le permettait un outillage
encore rudimentaire ; rapportant dans leurs petites chambres
d'auberge, pour les observer, les dessiner et les disséquer,
les animaux qu'ils avaient pu recueillir, vivant modestement,
mais continuant l'œuvre grandiose de Cuvier.

Ce fut une époque de liberté, de travail et de foi. Cuvier,
qui personnifia la zoologie française au XIX<sup>e</sup> siècle, avait pro-
jeté une vive lumière sur l'ensemble du règne animal. On
conçoit sans peine que des hommes qui, pendant de si nombreuses années, avaient été guidés par ce flambeau, n'aient
jamais voulu admettre qu'il pût être éclipsé par une hypothèse

quelles que fussent sa grandeur et sa puissance. Il faut les estimer et les respecter, quand bien même on appartiendrait à une tout autre école : celle dont les origines se trouvent aussi dans la science française et dont les ramifications s'étendent aujourd'hui sur le monde entier.

Lorsque M. de Quatrefages fut nommé à la chaire d'anthropologie du Muséum d'histoire naturelle, il abandonna la zoologie proprement dite pour s'occuper uniquement de l'homme. Dès lors aucune des questions qui touchent à l'anthropologie ne lui demeura étrangère : l'homme préhistorique, les races humaines, leur origine, leur distribution à la surface de la terre, l'anatomie du cerveau, les différentes manifestations de l'activité humaine.

Ainsi comprise, l'anthropologie acquiert un domaine immense. Pour le parcourir, il faut être infatigable. Aussi, bien qu'il fût secondé par un aide naturaliste éminent auquel l'Institut a accordé sa plus haute récompense, en l'admettant dans son sein, on retrouvait M. de Quatrefages partout où il pouvait recueillir des matériaux pour son grand enseignement, à nos séances qu'il suivait, malgré son grand âge, avec une remarquable assiduité, à l'Académie de médecine, à la Société de géographie dont il était le président, etc.

Avec M. de Quatrefages disparaît une des nobles figures de l'Académie des sciences. Nous tous qui l'avons connu, nous en garderons le souvenir.

----

# DISCOURS DE M. MILNE EDWARDS

### MEMBRE DE L'ACADÉMIE DES SCIENCES

## AU NOM DU MUSÉUM D'HISTOIRE NATURELLE

----

Messieurs,

C'est le cœur douloureusement ému que je viens, au nom du Muséum d'histoire naturelle, rendre ici un dernier hommage au savant illustre que la mort nous a pris.

M. de Quatrefages a été l'élève et l'ami fidèle de mon père

et, aussi loin que mes souvenirs puissent remonter, je le vois venant, chaque jour, parler de ses travaux et de ses espérances au maitre qui l'aimait et l'appréciait. Dès mon enfance j'ai appris ainsi à vénérer celui que nous pleurons aujourd'hui ; il fut, au Collège Henri IV, mon premier professeur d'Histoire naturelle, et ses leçons, si claires, si pleines d'attrait, me donnèrent le goût de la science qu'il enseignait. Le sentiment tout personnel que je me permets d'exprimer est donc celui de ma vie entière et mes regrets pour l'homme qui, à son tour, m'honorait de son amitié, viennent se confondre avec ceux que m'inspire la perte du travailleur infatigable dont nous avons tous admiré la noble carrière.

Issu de cette forte race cévenole qui savait tout sacrifier à ce qu'elle croyait être le vrai et le bien, M. de Quatrefages avait hérité de ses pères une âme droite et loyale, un grand désintéressement et une simplicité de mœurs qui devient chaque jour plus rare. Sa famille, fort ancienne, avait pris parti pour la Réforme et resta toujours très attachée à la religion protestante ; elle vivait, entourée d'une population rustique dont l'organisation avait quelque rapport avec celle des clans écossais, et le grand-père d'Armand de Quatrefages fut le premier qui, dans cette contrée, substitua les mûriers aux châtaigniers et, par là, augmenta beaucoup la richesse de son pays.

C'est en pleine montagne, au pied de l'Aigoual, à Berthezène, petit village des Cévennes situé dans la vallée où l'Hérault prend sa source, que, le 10 février 1810, Armand de Quatrefages est né. Son éducation fut d'abord confiée à un jeune pasteur protestant, et lorsqu'il entra plus tard au collège de Tournon, il se fit de suite remarquer et aimer de ses maitres. L'un d'eux, M. Sornin, qui venait d'être nommé professeur d'astronomie à la Faculté des sciences de Strasbourg, proposa d'y emmener son jeune élève ; celui-ci le suivit avec joie et entra dans la classe de philosophie du collège de cette ville. Mais tout en terminant ses humanités, il pensa que la meilleure marque de reconnaissance qu'il pût donner à son professeur était de s'occuper de mathématiques et, se mettant à l'œuvre avec courage, il se fit recevoir successivement bachelier, licencié et, à dix-neuf ans, docteur ès sciences mathématiques. Il commençait en même temps ses études médicales, selon le vœu de sa famille. A cette époque, une place de préparateur de chimie et de physique se trouva libre à la Faculté de médecine, et ses amis l'engagèrent à se présenter. D'abord il hésita, car il n'avait jamais fréquenté le laboratoire et ses concurrents avaient pour eux une longue préparation. Cependant il se rassura et bientôt, à force de travail, il put soutenir un très brillant concours et affirmer aux yeux de tous sa supériorité. Enfin, en 1832, il passait sa thèse de docteur en médecine et allait rejoindre les siens pour se fixer avec eux à Toulouse, où sa sœur venait de se marier.

Grâce aux relations de sa famille, M. de Quatrefages y fut bien accueilli et, malgré des difficultés qu'il n'avait pu prévoir, l'ardeur qu'il déployait dans sa nouvelle profession lui en assura le succès. Il fonda à Toulouse le *Journal de médecine et de chirurgie*, et, malgré sa jeunesse, fut appelé à faire partie du Comité de salubrité.

Mais les sciences naturelles le passionnaient et il ne tarda pas à abandonner une carrière déjà lucrative pour accepter le modeste emploi de chargé du cours de zoologie à la Faculté des sciences. Là tout était à faire, il n'avait aucune ressource ; pas de collection, pas de préparateur, pas même de garçon de laboratoire et un crédit de 90 francs pour les frais de cours ! Il ne se laissa pas effrayer et il réussit à créer un petit musée, tout en s'occupant activement de ses fonctions et en publiant son premier mémoire sur l'embryologie des Anodontes.

Son plus grand désir était d'aller à Paris ; il avait conscience de ses forces et il sentait qu'il ne pourrait pas, à Toulouse, atteindre au but qu'il ambitionnait ; mais sa mère, son père surtout s'y opposaient de tout le pouvoir de leur affection. Enfin on céda à ses instances, et M. de Quatrefages vint s'installer près de ce Jardin des Plantes dont il devait être plus tard une des gloires. Il se lia avec Agassiz, Vogt, Straus-Durckheim, avec Milne Edwards qui reconnut vite la valeur exceptionnelle de ce jeune savant et se plaisait à l'aider de ses conseils et de ses encouragements.

Depuis cette époque, 1840, où il conquit son troisième doctorat, celui des sciences naturelles, jusqu'à son dernier jour, M. de Quatrefages a travaillé sans relâche, et son nom n'a pas cessé de grandir. En 1852 il était élu par l'Académie des sciences et trois ans plus tard, il prenait possession, au

Muséum, de la chaire d'anthropologie où son enseignement devint si justement célèbre. Il donna à ce cours une direction toute différente de celle qu'avaient suivie ses prédécesseurs, M. Serres et M. Flourens ; ceux-ci considéraient l'homme plutôt au point de vue du médecin, du physiologiste, de l'anatomiste, tandis que M. de Quatrefages, prenant pour seuls guides l'expérience et l'observation, appliqua à son enseignement la méthode des naturalistes et fit de ses leçons un admirable résumé de tout ce que l'on savait sur l'histoire naturelle de l'homme. Il a défendu, là, comme dans ses livres, la théorie de l'unité de l'espèce humaine en s'appuyant sur les raisons les plus hautes. Il était spiritualiste convaincu, et c'est dans toute la sincérité de son esprit qu'il cherchait la vérité.

Non seulement il imprima une impulsion nouvelle à la science qu'il professait, mais encore on peut dire qu'il créa la belle collection d'anthropologie que le Muséum possède aujourd'hui, collection supérieure à toutes celles qui existent en Europe. Il rencontra pourtant de grandes difficultés d'installation, disposant uniquement de mansardes situées au-dessus des galeries d'anatomie comparée. On donnait enfin satisfaction, il y a quelques semaines, au désir qu'il avait si souvent exprimé et la construction de nouvelles galeries d'anthropologie était décidée. Il n'aura pas la joie d'y voir, rangés en bon ordre, les trésors qu'il avait amassés pendant sa longue vie, mais, en les admirant, nous nous souviendrons tous de celui à qui nous les devons.

Le laboratoire de M. de Quatrefages était devenu le centre de réunion de tous les voyageurs s'occupant d'histoire naturelle ; ils y trouvaient les meilleurs conseils, la direction la plus sûre et souvent aussi, malgré l'étroitesse de l'espace, l'emplacement nécessaire pour exposer les collections qu'ils avaient faites pendant leurs voyages ; car jamais M. de Quatrefages ne reculait devant la peine ou devant la perte de temps que pouvait entraîner pour lui le soin des intérêts d'autrui.

Je ne puis énumérer tous les travaux qui ont rendu célèbre notre illustre confrère, la liste en serait trop longue. Depuis son premier ouvrage sur les types inférieurs de l'embranchement des Annelés jusqu'à sa dernière publication sur les races humaines, il a embrassé un nombre considérable d'études

différentes, portant dans chacune la même méthode sûre et consciencieuse, la même vivacité d'intelligence ; il ne s'était pas cantonné dans une région étroite et toutes les sciences l'intéressaient. « L'esprit de l'homme, disait-il, ne se con-
» tente pas de connaître ce qui est, il veut en outre l'expli-
» quer et la profondeur, l'immensité des problèmes est pour
» lui un attrait de plus. » Aussi a-t-il été mêlé à toutes les grandes discussions scientifiques de son temps ; partout et toujours il y a mis en pratique cette belle pensée qui était sienne : « Que la science doit élargir les intelligences et rapprocher les esprits et les cœurs. » Sa bonne foi parfaite, son aménité, sa déférence pour les opinions qu'il ne partageait pas, tout en le laissant un adversaire redoutable par sa grande science, faisaient de lui un polémiste dont Darwin a pu dire : « qu'il aimait mieux être critiqué par M. de Quatre-
» fages que loué par tout autre. »

Il se refusait à croire au mal, sa bienveillance était inépuisable et rayonnait autour de lui ; la limpide sérénité de son âme apportait le calme et l'apaisement et l'on devenait meilleur en causant avec lui.

M. de Quatrefages écrivait avec beaucoup d'élégance et de charme ; ses *Souvenirs d'un Naturaliste*, où il raconte les longs séjours qu'il faisait au bord de l'Océan et de la Méditerranée pour y étudier les animaux inférieurs, ont été dans toutes les mains et les beaux travaux qu'il a publiés sur la nature et l'origine de l'homme montrent, dans le meilleur des langages, toute l'élévation et l'ampleur de son esprit. Il parlait aussi fort bien et de tous les côtés on recherchait son concours ; il savait admirablement, lorsqu'il présidait un Congrès, une Assemblée, condenser les idées générales, et ses discours, tout en restant dans le domaine de la science, étaient des modèles de bonne grâce et de courtoisie.

La vie de M. de Quatrefages est une vie enviable, toute de travail, de dignité et de simplicité. Certainement il a connu les efforts, les découragements, la lutte, mais il en est sorti vainqueur et, depuis longtemps, il était reconnu pour un *Maître* dans toute l'acception de ce mot qui dit tant de choses.

Nous le reverrons souvent, en pensée, dans cette maison où il a vécu de si longues années, heureux d'être au centre de

ses occupations les plus chères et aimant à rappeler les souvenirs de Buffon, de Flourens qui l'avaient habitée autrefois,
dans cette maison où l'on était accueilli avec une bonté si
aimable et si vraie.

Un des plus grands chagrins de M. de Quatrefages, si ce
n'est son plus grand, a été en 1870 la perte de l'Alsace. Il
l'aimait comme Français, puis pour les laborieuses années de
jeunesse qu'il avait passées, et enfin, marié à une Alsacienne,
M^lle Ubersaal, qui a été pour lui la plus dévouée et la meilleure des compagnes, il s'y était encore plus attaché. La
pensée que l'Université de Strasbourg était germanisée lui
était cruelle, il ne pardonna jamais à la Prusse d'avoir dirigé
des obus sur les galeries du Muséum d'histoire naturelle, et
dans un livre, où respire une généreuse indignation, il
dénonce au monde entier ces procédés dignes d'un âge
barbare.

Il y a quelques jours à peine, M. de Quatrefages me disait
qu'il commencerait prochainement son cours, il me parlait
des nouvelles publications qu'il voulait entreprendre, de son
projet d'aller, cet été, au Congrès de Moscou. « Ma femme,
ajoutait-il en souriant, voudrait m'en dissuader, mais je me
sens si plein de force encore, que j'irai volontiers jusqu'au
Caucase. » Nous devions faire ce voyage ensemble ! Il avait
compté sans la Mort si prompte à frapper.

M. de Quatrefages, du moins, n'aura pas eu la grande tristesse de sentir ses forces décliner pendant de longs mois et
ne plus répondre aux exigences de son esprit. C'est un
bonheur pour lui d'avoir ainsi passé, de la vie intelligente
et active, au repos de la tombe, entouré de tous ceux qu'il
chérissait, soutenu jusqu'au dernier moment par un fils qui a
toujours été sa joie et la main dans celle de sa femme bien-
aimée.

Le deuil de sa famille sera partagé par le pays tout entier,
car il perd, en M. de Quatrefages, un grand savant et un
homme de bien.

# DISCOURS DE M. J. BERTRAND

## SECRÉTAIRE PERPÉTUEL DE L'ACADÉMIE DES SCIENCES

### AU NOM DU *JOURNAL DES SAVANTS*

———

Messieurs,

Les rédacteurs du *Journal des Savants* n'ont pas voulu qu'en présence d'un aussi grand deuil leurs regrets restassent silencieux.

Au nom de mes confrères, je viens dire un mot d'adieu, un mot seulement, à celui dont la collaboration était une force pour notre recueil et la présence un charme pour nos réunions. M. de Quatrefages, par le choix des sujets, par l'étendue de la science et l'autorité de sa renommée, par le charme aussi de son style, était, parmi nous, le modèle des rédacteurs scientifiques. Indépendant et original sur toutes les questions, les savants les plus illustres trouvaient en lui un juge courtois, bienveillant, plein de bonne grâce dans la forme, inflexible sur les principes. M. de Quatrefages laissera parmi nous un vide difficile à combler. Qu'il reçoive, au nom du *Journal des Savants,* l'expression de notre vive douleur et de notre sincère affection.

———

# DISCOURS DE M. LEVASSEUR

## MEMBRE DE L'ACADÉMIE DES SCIENCES MORALES ET POLITIQUES

———

Messieurs,

Après les hommes éminents qui viennent de caractériser, avec l'autorité de leur science et l'émotion de leur douleur, l'œuvre de M. de Quatrefages, je n'ai rien à ajouter pour faire connaître la haute valeur de ses travaux et pour marquer, à l'heure où il entre dans la postérité, la place qu'il y occupera désormais dans l'histoire des sciences. Mais j'ai un devoir à remplir ; je dois à mon tour déposer, devant ce cercueil, l'hommage du respect et des regrets des deux Sociétés dont il était un des membres les plus illustres et les plus aimés, la Société nationale d'agriculture de France et la Société de géographie, j'ajouterai même l'hommage de la Société de géographie commerciale, dont le président n'a pu assister aujourd'hui à cette cérémonie funèbre.

C'est à M. Louis Passy, secrétaire perpétuel de la Société d'agriculture, qu'il appartenait de parler au nom de la première. L'ordre du médecin, qui le retient, l'a privé d'exprimer ici — comme il l'a fait l'an dernier avec une si touchante émotion sur la tombe de M. Becquerel — le sentiment que la Société tout entière a spontanément manifesté mercredi, lorsqu'en apprenant la perte qu'elle venait de faire, elle a levé la séance en signe de deuil. Beaucoup de membres ignoraient même que M. de Quatrefages fût malade. Quelques semaines auparavant ils l'avaient vu à sa place, le visage placide, le sourire accueillant, le regard attentif, comme ils le voyaient depuis vingt ans, sans que les années eussent altéré la sérénité de sa physionomie non plus que l'affabilité de son caractère. Il y avait, en effet, plus de vingt ans qu'il était membre de la Société. Désigné par ses beaux mémoires sur la maladie des vers à soie et sur la sériculture, il avait été élu en 1870, à une époque où, membre de l'Institut depuis dix-huit ans, il était déjà en pleine jouissance de sa célébrité scientifique. Il était devenu doyen de la section d'histoire naturelle agricole dans laquelle il siégeait en compagnie de trois de ses confrères de l'Académie des sciences, d'un de ses collègues du Muséum et d'un inspecteur général de l'enseignement agricole ; il aurait été président de la Société, si sa modestie ne lui avait fait décliner cette charge. L'honneur aurait été pour nous. Son nom restera néanmoins inscrit dans nos annales, et dans nos mémoires vivra le souvenir de la bonne grâce avec laquelle il intervenait dans nos discussions, de la judicieuse opportunité de ses remarques, de la haute portée qu'avaient, sous une forme toujours simple, les conclusions d'un esprit vraiment scientifique, dégagé des préjugés d'école, cherchant la vérité par l'observation et dans les limites de l'observation.

M. de Quatrefages s'était donné depuis longtemps et plus

complètement à la Société de géographie dont il a dirigé les travaux à maintes reprises : cinq fois vice-président et six fois président de la Commission centrale dont il faisait partie depuis 1856 : quelques années encore et nous allions fêter le cinquantenaire de son entrée en fonctions. Après M. Antoine d'Abbadie, il était de beaucoup le doyen de cette commission et, si je ne me trompe, le doyen de la Société. Il en avait été élu quatre fois vice-président ; il en était, depuis 1875, président honoraire et président depuis la fin de l'année 1890.

Le 19 décembre, remerciant l'assemblée générale d'une nomination qu'il pensait devoir « à la science de l'anthropologie, sœur de la géographie » et un peu, ajoutait-il, « à une sympathie personnelle », il avait profité de la circonstance pour rappeler les services dont la Société était redevable à ses présidents, depuis qu'elle les avait continués plusieurs années dans leurs fonctions, afin de leur laisser le temps d'exécuter le bien dont ils avaient conçu la pensée. « Quand je parcours la liste de mes prédécesseurs, je me sens effrayé », disait-il modestement ; puis en terminant : « Je vous apporte la même bonne volonté qu'eux. Gardez-moi votre sympathie fortifiante et, dans la mesure de mes forces, je ferai mon possible pour me rendre digne d'eux. »

Ce qu'il ne disait pas, c'est qu'il avait déjà beaucoup fait. Il avait pourtant conscience de l'importance de l'œuvre scientifique qui a rempli la seconde moitié de sa vie et à laquelle son nom restera attaché. Les théories transformistes l'ont préoccupé jusqu'à son dernier jour ; on a trouvé sur sa table le manuscrit presque achevé d'un travail sur Darwin. L'auteur des *Souvenirs d'un naturaliste*, des *Polynésiens et leurs migrations*, du *Rapport de 1867 sur les progrès de l'anthropologie*, de l'*Espèce humaine*, des *Pygmées*, des *Hommes fossiles et Hommes sauvages*, de l'*Introduction à l'étude des races humaines*, son dernier ouvrage, l'inspirateur des *Crania ethnica*, non seulement revendiquait hautement les droits de l'Homme dont il proclamait l'unité d'origine et qu'il ne permettait pas de confondre avec le reste de la nature, mais en même temps il s'appliquait à mettre en lumière les rapports qui existent entre la Nature et l'Homme, entre le sol et le climat d'une contrée et le caractère de la civilisation de ses habitants et il est à ce titre un des maîtres qui ont contribué

à élargir les horizons de la géographie et à l'élever au rang
des sciences morales.

Il semblait avoir moins conscience de l'influence qu'il exerçait sur ses collègues ou du moins sa modestie le laissait peu
paraître. Cependant, qu'il occupât le fauteuil présidentiel ou
qu'il fût dans le rang, sa parole était toujours écoutée et ses
conseils souvent prépondérants. Il ne les imposait pas ; il les
donnait avec une douce autorité ; son œil clair, son front haut
et nu, ses lèvres fines, l'ovale de son visage sobrement encadré
dans une barbe blanche respiraient la bonté et inspiraient la
confiance ; sa parole, simple et familière, avait un accent
de sincérité et une sorte d'éloquence paternelle qui péné-
traient.

Le souvenir des services rendus ajoutait encore à cette
autorité. Nous nous rappelions qu'au temps où la Société de
géographie était enfermée dans l'étroit local de la rue Chris-
tine, il avait le premier conseillé de mettre à l'ordre du jour
ces communications de voyageurs qui attirent aujourd'hui la
foule à nos séances, que lorsque la question du déplacement
du siège social a été agitée, il a été au nombre de ceux qui,
sous l'impulsion de l'amiral La Roncière le Noury, ont fait
prévaloir la résolution — laquelle n'était pas alors sans quelque hardiesse — de construire un hôtel ; nous nous rappelions
que maintes fois il avait présidé avec son tact habituel nos
grandes solennités de la Sorbonne et qu'il avait particulièrement soutenu de ses encouragements notre vaillante phalange
de voyageurs africains ; nous savions que, dans toutes les
circonstances graves, il nous avait apporté son précieux
concours et qu'associé de cœur à la Société que durant vingt
années il avait connue confinée obscurément dans un petit
cercle d'érudits, et qu'il se réjouissait de voir largement
ouverte au public dans l'éclat de sa prospérité, il était toujours
prêt à répondre à son appel.

Nous le savons encore, et c'est la raison de nos regrets.
Nous avons perdu un conseiller et un maître. Son nom et son
œuvre subsisteront dans la science ; mais nous ne l'aurons
plus à nos côtés.

C'est l'expression de ces regrets que, comme délégué de la
Société nationale d'agriculture et comme vice-président de la
Société de géographie et de la Société de géographie commer-
ciale, je suis venu, au nom de mes collègues et au mien,

déposer sur ce cercueil avec l'hommage de notre reconnaissance en disant un suprème adieu à notre éminent collègue,
notre bon, notre vénéré, notre regretté Armand de Quatrefages de Bréau.

---

# DISCOURS DE M. LE D<sup>r</sup> C. DARESTE

## AU NOM DE LA SOCIÉTÉ D'ANTHROPOLOGIE

---

La Société d'Anthropologie m'a désigné pour adresser le
dernier adieu à l'un de ses membres les plus anciens; je puis
dire aussi l'un des plus illustres.

Il ne m'appartient pas en ce moment de vous rappeler
l'œuvre scientifique de Quatrefages; de vous parler de ses
travaux sur l'histoire naturelle, l'anatomie et l'embryogénie
des animaux inférieurs, travaux qui lui avaient acquis une
notoriété européenne, et ouvert les portes de l'Académie des
sciences lorsqu'il n'avait encore que quarante-deux ans. Je
veux seulement vous montrer l'homme tel que je l'ai vu pendant cinquante ans, tel que l'ont connu mes collègues de la
Société d'Anthropologie.

Quatrefages, tout en conservant sa dignité personnelle,
savait se faire aimer de ceux qui l'entouraient, par son affabilité et l'aménité de ses manières; en même temps, il inspi-
rait partout le respect par la droiture et la loyauté de son
caractère. C'était un véritable gentilhomme dans toute l'acception de ce mot. Dans une excursion scientifique que nous
fîmes ensemble, en 1843, sur les côtes de la Bretagne, il avait
acquis, sans la rechercher, une grande autorité morale sur
les marins qui nous accompagnaient, autorité qu'il devait à
une bienveillance parfaite, mais toujours exempte de fami-
liarité.

Ces qualités, jointes à un immense savoir, lui donnaient
une grande influence dans toutes les Sociétés dont il faisait
partie. Il sut toujours se concilier l'amitié de ses collègues,
même de ceux qui ne partageaient pas ses idées. Aussi fut-il
fréquemment appelé aux honneurs du bureau et de la prési-

dence. Pour nous, membres de la Société d'anthropologie, qui l'avons vu pendant trente-deux ans très assidu à nos séances; qui l'avons entendu fréquemment prendre part à nos discussions, nous ne pouvons que rendre hommage à la courtoisie parfaite avec laquelle il répondait aux objections de ses adversaires, ainsi qu'à la science profonde avec laquelle il combattait leurs arguments.

Il s'était mis tard à l'étude de l'anthropologie, mais il était devenu rapidement un des maîtres dans cette branche des sciences naturelles, qu'il pouvait éclairer par ses vastes connaissances zoologiques, connaissances qu'il complétait par une étude incessante de la géographie et de l'histoire. Plusieurs ouvrages de premier ordre furent le fruit de cet immense labeur qu'il poursuivit sans interruption jusqu'à la veille de sa mort.

La Société d'Anthropologie, partageant les regrets que la mort de Quatrefages inspire au monde savant tout entier, a tenu à s'associer à cette consécration d'une des gloires de la science française.

---

# DISCOURS DE M. LE D<sup>r</sup> PROSPER DE PIERA SANTA

## AU NOM DE LA SOCIÉTÉ FRANÇAISE D'HYGIÈNE
### ET DE LA RÉUNION AMICALE DE LA PRESSE SCIENTIFIQUE

---

Mesdames, Messieurs,

Au nom de la Société française d'Hygiène et de la Réunion amicale de la Presse scientifique, je viens donner un dernier adieu au *vir probus et bonus* que nous avons toujours entouré d'une vénération filiale, et que notre amour-propre national a sans cesse considéré comme l'une des illustrations les plus pures de la science moderne.

C'est à la haute et puissante autorité de J.-B. Dumas, d'Henry Bouley, du général Perrier, de Quatrefages de Bréau, que ces deux œuvres d'initiative individuelle, fondées au lendemain des jours de profonde tristesse, ont dû leur

raison d'être et leur succès, en restant toujours fidèles au
programme des chers maîtres : Labeur quotidien ; vulgarisation scientifique ; relèvement de la patrie !

Oh ! qu'elles étaient réconfortantes, ces réunions mensuelles où J.-B. Dumas retraçait les phases d'une vie si bien remplie, les difficultés et les hésitations de l'adolescence, les luttes et les illusions de la jeunesse, les triomphes de l'âge mûr, par le travail et la volonté !

Et comme il remontait l'énergie de nos jeunes confrères, M. de Quatrefages, en feuilletant, à leur intention, les pages de sa brillante carrière : le départ du foyer paternel, le premier voyage en diligence, l'arrivée au collège, ses débuts dans l'enseignement à Strasbourg, ses étapes timides dans la profession médicale à Toulouse, les premières semaines de séjour dans la grande capitale, le cœur et l'esprit débordant d'espérances.

Sous la présidence de ces maîtres, les nuances politiques, les croyances religieuses, les divergences philosophiques s'harmonisaient dans une seule pensée : le but à atteindre, les exemples à suivre !

Heureux et fier de sa puissance moralisatrice qu'il exerçait sur ces générations du présent et de l'avenir, M. de Quatrefages restait le plus fidèle à nos réunions, au double titre d'ancien rédacteur d'un *Journal de médecine*, du plus ancien collaborateur du *Journal des Savants*.

« Ces titres, répétait-il souvent, avec une modestie charmante, me permettent de rester au milieu de vous à la première place, parce que je suis votre ainé à tous en journalisme. »

Adieu, cher et vénéré maître, nous garderons toujours intact le précieux souvenir de votre science, de vos vertus, et de votre patriotisme.

Au revoir !

VERSAILLES, IMPRIMERIE CERF ET FILS, 59, RUE DUPLESSIS.

# CONCOURS ANNUELS, RÉCOMPENSES ET ENCOURAGEMENTS

Les Français et les étrangers, les membres de la Société et les personnes qui n'en font pas partie peuvent également obtenir ses récompenses et encouragements.

Les résultats que la Société prend en considération et qu'elle récompense, s'il y a lieu, sont de quatre ordres :

1° Introduction d'espèces, races ou variétés utiles, soit d'animaux, soit de végétaux.

2° Acclimatation, domestication, propagation, amélioration d'espèces, races ou variétés animales ou végétales, soit susceptibles d'emplois utiles, soit même simplement accessoires ou d'agrément.

3° Emploi agricole, industriel, médicinal ou autre, d'animaux ou de végétaux récemment introduits, acclimatés ou propagés, ou de leurs produits.

4° Travaux théoriques relatifs aux questions dont la Société s'occupe. (Primes ou médailles.)

Les mémoires devront être rédigés en langue française.

Les récompenses et encouragements que décerne la Société sont chaque année :

1° S'il y a lieu, le titre de membre honoraire. La Société, réunie en séance, sur la proposition du Bureau, pourra conférer ce titre aux personnes, qui, par leurs voyages ou par leur séjour à l'étranger, auront rendu d'importants services.

Les membres honoraires, pendant leur séjour à Paris, jouiront de tous les droits des membres titulaires.

Un membre honoraire qui serait resté pendant cinq ans sans avoir entretenu aucune relation avec la Société pourrait être déclaré démissionnaire.

2° Des médailles d'or, grand module, à l'effigie d'Isidore Geoffroy Saint-Hilaire, d'une valeur intrinsèque de 400 francs. (Médaille hors classe.)

3° Des médailles d'or, d'une valeur intrinsèque de 300 francs.

4° De grandes médailles d'argent à l'effigie d'Isidore Geoffroy Saint-Hilaire. (Médaille hors classe.)

5° Des prix extraordinaires proposés par la Société ou des particuliers, consistant en des médailles ou primes en argent, sur des sujets spécialement désignés.

6° Des primes en espèces.

7° Des médailles de première classe, d'argent.

8° Des médailles de seconde classe, de bronze.

Chaque médaille porte, gravé, le nom du lauréat ainsi que la date et l'objet de la récompense accordée par la Société.

9° Des mentions honorables.

10° Des récompenses pécuniaires.

Ces encouragements sont particulièrement destinés à être donnés aux gens à gages qui auront concouru, par leurs soins, au but que poursuit la Société.

Les personnes qui croient avoir droit aux récompenses ou encouragements de la Société devront envoyer *franco*, avant le 1ᵉʳ *décembre*, un rapport circonstancié sur les résultats qu'elles auront obtenus et mettre la Société en mesure de constater ces résultats, soit par elle-même, soit par l'intermédiaire des Sociétés affiliées ou agrégées, ou des Délégués ; en cas d'impossibilité, l'envoi de procès-verbaux, *certificats légalisés* ou autres documents authentiques, propres à tenir lieu d'un examen direct, sera toujours exigible.

Lorsque les prix devront être obtenus à la suite de résultats annuels, les faits devront être *légalement constatés chaque année.*


**Le programme des prix fondés par la Société est adressé gratuitement à toute personne qui en fait la demande par lettre affranchie.**

## EXTRAITS DES STATUTS & RÈGLEMENTS

Le but de la Société nationale d'Acclimatation de France est de concourir :

1° A l'introduction, à l'acclimatation et à la domestication des espèces d'animaux utiles et d'ornement ; 2° au perfectionnement et à la multiplication des races nouvellement introduites ou domestiquées ; 3° à l'introduction et à la propagation des végétaux utiles ou d'ornement.

Le nombre des membres de la Société est illimité.

Les Français et les étrangers peuvent en faire partie.

Pour faire partie de la Société, on devra être présenté par un membre sociétaire qui signera la proposition de présentation, ou en faire la demande à M. le Secrétaire général.

Chaque membre paye : 1° un droit d'entrée de 10 fr. ; 2° une cotisation annuelle de 25 fr., ou 250 fr. une fois payés.

La cotisation est due et se perçoit à partir du 1er janvier.

Suivant convention passée avec le jardin zoologique d'Acclimatation et expirant le 31 décembre 1891, chaque membre ayant payé sa cotisation recevra :

Une carte personnelle et six billets d'entrée aux Jardins d'Acclimatation de Paris et de Marseille, dont il pourra disposer à son gré.

Les membres qui ne voudraient pas user de leur carte personnelle peuvent la déléguer.

Les sociétaires auront le droit d'abonner au Jardin d'Acclimatation les membres de leur famille directe (femme, mère, sœurs et filles non mariées et fils mineurs), à raison de 12 fr. 50 par personne et par an.

Il est accordé aux membres un rabais de 5 pour 100 sur le prix (es ventes exclusivement personnelles) qui leur seront faites au Jardin d'Acclimatation de Paris (animaux et plantes).

La **Revue des Sciences naturelles appliquées** *Bulletin bimensuel* de la Société est gratuitement délivrée à chaque membre.

La Société confie des animaux et des plantes en cheptel.

Pour obtenir des cheptels, il faut : 1° être membre de la Société ; 2° justifier qu'on est en mesure de loger et de soigner convenablement les animaux et de cultiver les plantes avec discernement ; 3° s'engager à rendre compte, deux fois par an au moins, des résultats **bons** ou **mauvais** obtenus et des observations recueillies ; 4° s'engager à partager avec la Société les produits obtenus.

Indépendamment des cheptels, la Société fait, dans le courant de chaque année, de nombreuses distributions, entièrement gratuites, des graines qu'elle reçoit de ses correspondants dans les diverses parties du globe.

La Société décerne, chaque année, des récompenses et encouragements aux personnes qui l'aident à atteindre son but.

Le programme des prix, le règlement des cheptels et la liste des animaux et plantes mis en distribution sont adressés gratuitement à toute personne qui en fait la demande par lettre affranchie.

Versailles, imprimerie Cerf et Fils, rue Duplessis, 59.

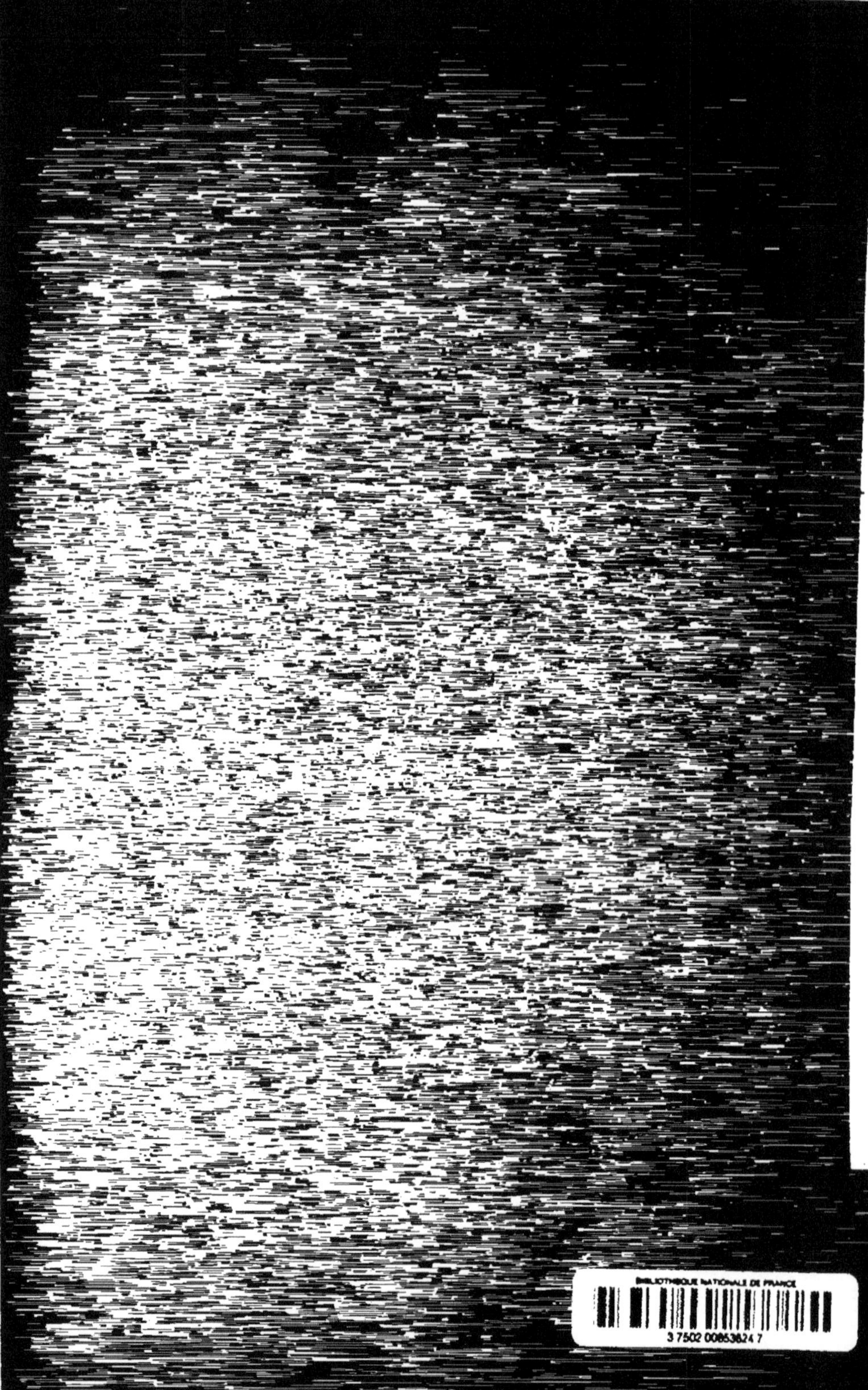